中小户型

创意方案设计2000例

SMALL FAMILY CREATIVITY PROJECT
DESIGN 2000 EXAMPLES

◎锐扬图书/编

NEW!

门厅过道　餐厅

中国建筑工业出版社

图书在版编目（CIP）数据

中小户型创意方案设计2000例　门厅过道　餐厅/锐扬图书编.--北京：中国建筑工业出版社，2012.9
ISBN 978-7-112-14625-3

Ⅰ.①中…　Ⅱ.①锐…　Ⅲ.①住宅-门厅-室内装修-建筑设计-图集　②住宅-餐厅-室内装修-建筑设计-图集　Ⅳ.①TU767-64

中国版本图书馆CIP数据核字（2012）第201403号

责任编辑：费海玲　张幼平
责任校对：党　蕾　陈晶晶

中小户型创意方案设计2000例
门厅过道　餐厅
锐扬图书/编
*
中国建筑工业出版社出版、发行（北京西郊百万庄）
各地新华书店、建筑书店经销
北京锐扬图书工作室制版
北京方嘉彩色印刷有限责任公司印刷
*
开本：880×1230毫米　1/16　印张：6　字数：186千字
2013年1月第一版　　2013年1月第一次印刷
定价：29.00元
ISBN 978-7-112-14625-3
(22669)

FOREWORD 前言

所谓中小户型住宅即指普通住宅，户型面积一般在90m^{2}以下。在建设节能、经济型社会的大背景下，特别是在国内土地资源有限、城市化进程加速发展、房价居高不下的情况下，中小户型已经成为城市住宅市场的主流。

由于中小户型在国内设计中还处于初级阶段，对于中小户型而言，较高的空间利用率显得更为珍贵，户型设计也就更为重要。人们对住宅的使用功能、舒适度以及环境质量也更加关心。中小户型不等于低标准、不等于不实用，也不等于对大户型的简单缩小和删减，在追求生活品质的今天，只有提高住宅质量，提高住宅性价比，中小户型住宅才能有生命力，才会得到消费者的认可。要提升中小户型产品的品质和适应性，应该抓住影响和决定这些指标的要点，通过要点的解析，优化设计，达到"克服面积局限、优化户型"的根本目标。即使面积小，但只要通过精细化设计，依然可以创造出优质的居住空间。

《中小户型创意方案设计2000例》系列图书分为《客厅》、《门厅过道　餐厅》、《背景墙》、《顶棚　地面》、《卧室　休闲区》5个分册，全书以设计案例为主，结合案例介绍了有关中小户型装修中的风格设计、色彩搭配、材料应用等最受读者关注的家装知识，以便读者在选择适合自己的家装方案时，能进一步提高自身的鉴赏水平，进而参与设计出称心、有个性的居家空间。

本书所收集的2000余个设计案例全部来自于设计师最近两年的作品，从而保证展现给读者的都是最新流行的设计案例。是业主在家庭装修时必要的参考资料。全文采用设计案例加实用小贴士的组织形式，让读者在欣赏案例的同时能够及时了解到中小户型装修中各种实用的知识，对于业主和设计师都极富参考价值。本书适用于室内设计专业学生、家装设计师以及普通消费大众进行家庭装修设计时参考使用。

CONTENTS 目录

门厅过道

Hallway&Corridor

门厅的装修风格应怎样设计?

门厅是进入大门后到室内或客厅的过渡空间，一般是一条狭长的独立通道。对门厅处进行装修，应充分考虑门厅的结构及室内的整体的装修风格。一般说来，门厅宜采用简洁、大方的风格，这是因为门厅面积不大，不宜采用过多的装饰，否则就会显得拥挤。门厅是重要的通气口，尤其是室外的空气会顺着门厅进入房间。门厅拥挤，一定程度上将居室与外界隔绝。另外，对于门厅本来就包含在厅堂之中的情况，装修风格应该与厅堂统一，并作适当的增色。这样一方面保证了室内的整体风格，一方面也突出了门厅，有利于充分发挥门厅的作用。

Comment on Design

顶棚的装饰和灯饰自然流畅的曲线和造型，不会使人产生压抑感。

Comment on Design

低柜可用作鞋柜或杂物柜，上面为水晶珠帘装饰，这样既美观实用，又符合下实上虚之道。

Comment on Design

走廊处白色陈列柜在发光灯带的映衬下，营造成了一条艺术走廊，避免了沉闷。

小户型的门厅设计应注意什么?

小户型的门厅设计更应侧重其功能性，要把实用性与装饰性巧妙地结合，以适应小户型对空间的需求。小户型的门厅多以虚实结合的手法来达到空间利用和空间审美的相互协调。为使门厅的设计充满活力，一般在装修风格上力求简洁，通常以通透性好的材料或灵活性的饰品来点缀空间，还可以设计个性独特的吊顶来增加门厅的活力。建议采用低柜隔断式和半柜半架式。

Comment on Design
门厅处的实木储物柜，既可储存物品又可节省空间。

Comment on Design

彩色乳胶漆衬托意境深远的摄影作品，更添一分灵气和情趣。

Comment on Design

鞋柜上方的抽象装饰画，给人一种激情的感觉，局部地改变了视觉空间。

Comment on Design

走廊处过渡区域面积有限，门厅柜的款式应与环境统一。

门厅墙面装修有哪些技巧?

如果门厅对面的墙壁距离门很近，通常就会被作为一个景观展示。很多墙壁会被作为主墙面加以重点装饰，比如用壁饰、彩色乳胶漆或者各种装饰手段强调空间的丰富感。

如果门厅两边的墙壁距离门也较近，通常会作为鞋柜、镜子等实用功能区域。

门厅选择壁纸，可以为墙壁增添一些小图样和更多的颜色，但要注意这里的墙壁被人触摸的次数会较多，壁纸最好具备耐磨和耐清洗的特点。

墙面面积较大，可以利用装修手段做点分隔，然后上下采用不同的壁纸或漆上不同的色调，以增加趣味性。

墙面最好采用中性偏暖的色调，这能给人一种柔和、舒适之感，让人很快忘掉外界环境的纷乱，体会到家的温馨。

还应注意的是，主体墙面重在点缀，切忌重复堆砌，色彩不宜过多。在较小空间的门厅，墙面可用大幅镜子反射，使小空间产生互为贯通的宽敞感。

Comment on Design

门厅柜和水晶珠帘构成的隔断，使门厅区域与会客区域有很好的结合与过渡。

Comment on Design

磨砂玻璃与实木镶框结合，在辅助灯光的映射下，风情别致，而且在视觉上延伸了走廊空间。

Comment on Design

中式的窗棂造型被运用到了天花板上，呼应了古朴的基调，成为了空间的视觉亮点。

Comment on Design

门厅是家庭访客进到室内后产生第一印象的地区，因此植物的摆放也很重要。

门厅地面装修有哪些技巧?

每个人回家和出门都会经过门厅，可以说门厅地面是家里使用频率最高的地方。因此，门厅地面的材料要具备耐磨、易清洗的特点。地面的装修通常依整体装饰风格的具体情况而定，一般用于地面铺设的材料有玻璃、石材或地砖等，木地板也是很好的选择，但造价较高。如果想让门厅的区域与客厅有所分别的话，可以铺设与客厅颜色不一样的地砖。还可以把门厅的地面升高，在与客厅的连接处做成一个小斜面，以突出门厅的特殊地位。如果嫌脚感不好，可以在上面铺地毯，但一定要粘牢，使其不能滑动，也可在下面铺一层粗纹垫子，以防滑动。门厅门外处通常铺设一块结实的擦脚垫，以擦去鞋子的污垢。

Comment on Design
门厅的异型吊顶丰富了空间的线条造型，使居室个性时尚。

Comment on Design

空间面积较小，可以利用门厅处的墙面打造储藏柜。

Comment on Design

一面设计精巧的白色混油隔断造型，可以缓冲进门时的视线，对客厅全景有一定的"障景"作用。

门厅家具布置有哪些技巧?

门厅一般必须具备专用的储藏空间，以存放鞋、雨具等物品。门厅的家具包括鞋柜、衣帽柜、镜子、小坐凳等。门厅面积够大，还可选用大一点的壁桌；如果注重实用功能，可以在门厅摆放一组立式衣帽架，提供储藏东西的空间，让门厅变得整洁。鞋柜一般用于存放鞋和伞，要注意防污和清洁。

小坐凳是为了换鞋方便。如果家里人多或经常来客人，要注意多备几个长凳。衣帽柜造型简单最好，节约空间且能收纳很多东西。

小的装饰台桌非常适合放在门口对面的墙面上。桌面不宽，并且能倚墙而立，上面挂一面镜子或一幅精选的画作，再配上一对装饰用的壁灯，效果会很不错。

门厅家具要与家的整体风格相匹配。此外，门厅处的光照要亮一些，以免给人晦暗、阴沉的感觉。

Comment on Design

走廊玄关处利用半遮蔽的储物架构造了隔断形式，使空间更具通透性。

Comment on Design

走廊几何图案装饰与家具的色调呼应，浅绿色调的墙面与之相映成趣，曼妙的图案把清新的氛围延伸到大自然。

门厅的间隔宜使用什么颜色?

门厅的间隔是为了保证门厅的通风和采光而专门设置的，在装饰门厅间隔的时候，要考虑间隔的颜色。门厅在颜色上宜采用较为明快的颜色，不宜采用死气沉沉的深颜色。因此，构成门厅间隔的木板、墙或石板在颜色上都不宜太深。但由于门厅的顶棚颜色较浅，而门厅的地板又要求颜色较深，如果间隔从上到下都是一片浅色的话，会使整体的装修效果显得比较突兀，因此可采用这样一种方式来设计门厅间隔的颜色：靠近顶棚的上半部分，一般都为木架或磨砂玻璃，采用比较浅的颜色，而靠近地板的下半部分，一般为墙面或鞋柜，可以采用比上半部分稍微深一点的颜色，这样上下部分过渡自然，衔接紧密，是比较好的颜色设计。

Comment on Design
利用顶棚造型与灯光效果，家具、门饰、墙面等众多颜色共处一室，使空间充满明亮与朝气，令人没有压迫感。

Comment on Design

透视的关系让吊顶上的长条木格栅犹如一个箭头，指引我们去观望尽头的工艺品。

Comment on Design

狭长的走廊用白色的墙壁来装饰，更显整洁雅致，庄重大方，增大了空间的体量感。

过道的墙面怎样设计?

过道的墙面装饰,需要遵循“占天不占地”的原则,因为过道装饰的美观主要反映在墙面上。在过道的墙壁上,可以采用与居室颜色相同的乳胶漆或壁纸。如果过道连接的两个空间色彩不同,原则上过道墙壁的色彩宜与面积大的空间相同。过道的墙面上也可以挂上风格突出的装饰画或挂饰,甚至可挖出凹形装饰框,放置不同的饰品,然后再加强局部照明,这样就能很好地克服墙面呆板、单调的感觉。如果墙体面积较大,还可以设置一面玻璃镜面,以此来扩大空间感。

Comment on Design

门厅以米色、黄色乳胶漆墙面为主色调,点缀不同的肌理图案装饰,整个设计时尚典雅,给房间注入现代活力。

Comment on Design

白色调的走廊空间在灯影的照射下，营造了简洁优雅的环境。

Comment on Design

走廊地面使用高贵抛光大理石铺设，很好地划分了走廊区域。

Comment on Design

一幅抽象壁画打破了走廊空间沉静的感觉，演绎了简约装饰风格的墙上色彩。

过道的灯光应怎样布置?

过道的灯光布置首先要注意的就是这个部位的光亮最好是散光灯，照射的范围大一些。

在装过道上的路灯时，也要注意一些问题。比如不宜选择五颜六色的灯光，这会形成一种虚幻迷离的感觉，简单选用黄色或白色的灯就好。另外，在灯的排列上，最好是一条直线，而不宜采用奇形怪状的排列方法。同时，还要注意的一点是过道灯的盏数不宜设置得太多，只要能够保证正常的照明即可。

Comment on Design

在走廊墙面放置装饰画和相框，美化了空间，而且还体现了"占天不占地"的原则。

Comment on Design

走廊要干净、简洁，不宜堆放杂物，也不宜放置大型的盆栽，否则会形成视觉上的繁冗感。

Comment on Design

装饰画和墙饰装扮的走廊墙壁让这个原本平庸的走廊空间变得引人注目起来。

Comment on Design

白色光亮如镜的玻化砖地面，把走廊和整个空间连在一起，注重了空间的整体感。

过道设计不可过窄

在一般情况下，过道净宽不宜小于1.2m。通往卧室、客厅的过道要考虑搬运写字台、大衣柜等物品的通过宽度。尤其在入口处有拐弯时，门的两侧应有一定余地，故该过道不应小于1m。通往厨房、卫生间、储藏室的过道净宽可适当减小，但也不应小于0.9m。各种过道在拐弯处应充分考虑搬运家具的路线，以方便搬运。

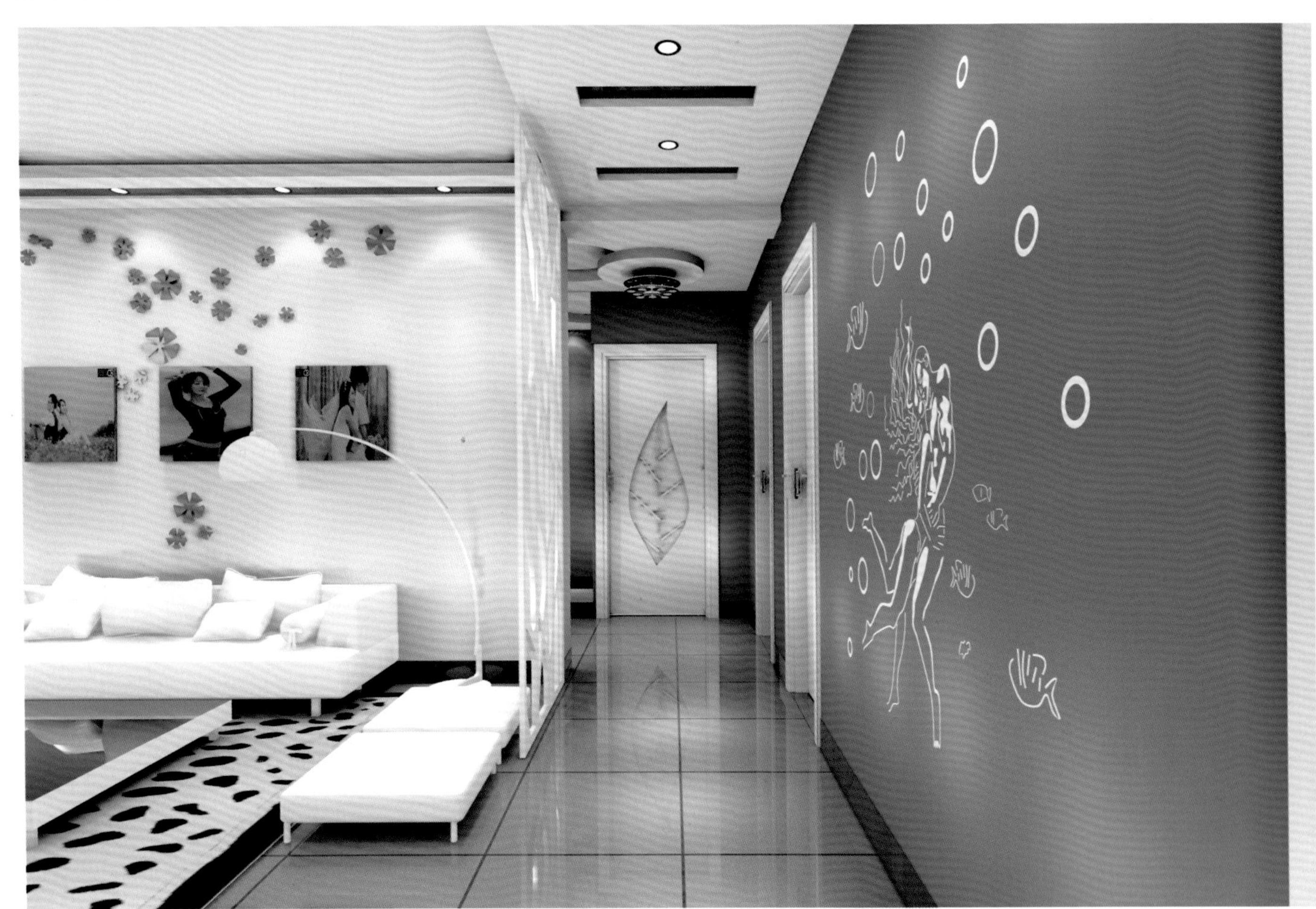

Comment on Design

黑、红、绿色调搭配的抽象几何图案可以使墙面更具节奏感，为走廊空间带来强烈的视觉冲击。

Comment on Design

走廊尽头处见方的空间里，设计师利用灯光和装饰画的来装饰空间，使空间丰富饱满。

Comment on Design

实木地面统一了狭长的走廊，使空间具有整体感。

过道的隔断宜通透

过道的隔断应以通透为主，因此材质采用磨砂玻璃为佳。如果为追求风格必须采用木板，也应该采用色调较为明亮而非花哨的木板。因为色调太深会有笨拙的感觉，令本来并不宽敞的空间显得局促，使人有压抑感。

Comment on Design
走廊处的实木储物柜，与顶棚的木栅格装饰配合，和谐自然。

Comment on Design

方形区域式的吊顶在发光灯带的映射下使黑白色调的走廊空间更加简约时尚。

餐　厅

Dining Room

餐厅设计要遵循什么原则?

要遵循使用方便的原则。就餐区不管设在哪里，有一点是共同的，就是必须靠近厨房，以便于上菜。除餐桌、餐椅外，餐厅还应配上餐饮柜，用来存放部分餐具、酒水饮料以及酒杯、起盖器、餐巾纸等辅助用品。

Comment on Design

餐厅中宽敞的落地窗使人在用餐时能欣赏窗外的美景，更添一种情趣。

Comment on Design

餐厅墙面的橙色装饰在灯光的调和下，给人清新亮丽的感觉。

Comment on Design

餐厅顶棚的黑晶艺术玻璃与墙面的文化石装饰，两种造型相映成趣，风情万种。

餐厅的空间怎么划分设计？

最好能单独开辟出一间做餐厅，但有些住宅并没有独立的餐厅，有的是与客厅连在一起，有的则是与厨房连在一起，在这种情况下，可以通过一些装饰手段来人为地划分出一个相对独立的就餐区。如通过吊顶，使就餐区的高度与客厅或厨房不同；通过地面铺设不同色彩、不同质地、不同高度的装饰材料，在视觉上把就餐区与客厅或厨房区分开来；通过不同色彩、不同类型的灯光，来界定就餐区的范围；通过屏风、隔断，在空间上分割出就餐区等。

Comment on Design

红色的餐椅与餐桌上黄色的花束相呼应，让人感受着愉悦的就餐环境。

Comment on Design

餐厅宜采用低色温的白炽灯、奶白灯泡或磨砂灯泡，漫射光不刺眼，带有自然光感，比较亲切、柔和。

Comment on Design

餐厅简约的装饰风格，墙面的马赛克装饰新颖给人耳目一新的感觉；餐具也可以随便更换流行色彩进行搭配，给人清新亮丽的感觉。

Comment on Design

白色和浅黄色调花纹壁纸搭配，衬托了餐厅的淡雅，一盏花朵造型的吊灯增添了就餐环境的温馨。

客厅兼做餐厅的布置方法

在客厅中设置一个就餐区，也就是通常所说的客厅兼作餐厅的布局。一般将餐厅家具设计在离厨房最近的一端，以免给一日三餐的饭菜端来端去增添麻烦。为了达到餐厅与客厅在空间上有所间隔的目的，可以用透空的隔架或半高的食品柜及沙发的组合摆设来实现隔断。这些布局必须为居住者在室内活动留出合理的空间，如果面积有限，可以让餐桌担任工作台或棋牌桌，这样一来，客厅与餐厅就合二为一了。

Comment on Design

绿色植物，为整个就餐空间增添了生命力，强调了和自然无间的美感。

Comment on Design

餐桌椅的材质以实木为宜，实木家具富有亲和性。

Comment on Design

简约的餐厅空间，黑白色调的餐桌椅，营造了休闲惬意的就餐环境。

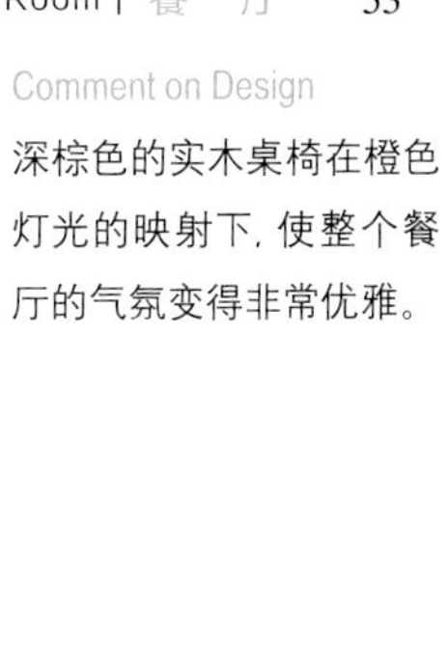
Comment on Design

深棕色的实木桌椅在橙色灯光的映射下，使整个餐厅的气氛变得非常优雅。

如何使用镜面开阔餐厅空间？

餐厅面积一般很小，放下餐桌椅后就很难再布置其他家具了，给人的感觉也很拥挤。这时，可以试着在其中一面墙上挂置玻璃镜，玻璃的反射效果能扩展不大的室内空间。

玻璃镜的设计最好分块处理，既安全，又经济，周边穿插酒柜或隔板，可以让餐厅显得更加丰富。如果餐厅空间低矮，甚至可以将玻璃镜面挂在吊顶上，作多块分隔，最好使用有色玻璃镜面，使用广告钉固定，但是要注意安全。

Comment on Design

餐厅的风格与客厅一脉相承，同样是简约风格中的黑色与白色的共鸣曲。

Comment on Design

开放式餐厅，餐桌椅的色调与客厅和谐呼应，营造了空间的整体感。

Comment on Design

简约风格的餐厅空间，黑白色调的碰撞，在水晶灯的晕染下，给人视觉上的享受。

Comment on Design

简洁干净的就餐区域，黑色的餐具成为餐厅的亮点。

餐厅的风格如何设计?

餐厅的风格是由餐具决定的，所以在装修前期，就应定好餐桌餐椅的风格。其中最容易冲突的是色彩、顶棚造型和墙面装饰品。一般来说，它们的风格对应为:玻璃餐桌和线条简洁的金属餐桌对应现代、简约风格;深色木餐桌对应中式、复古风格;浅色木餐桌对应田园、北欧风格:造型较为华丽的金属雕花餐桌对应古典欧式风格。

Comment on Design

白色基调的餐厅和椅面，配上自然乡村气息的实木地板，整个空间给人感觉非常的自由自在。

Comment on Design

通透性很好的实木与玻璃结合的隔断，营造了简单舒适的就餐区域。

Comment on Design

餐厅中实木家具，浅色调的颜色让主、客用餐时都能感觉到放松和舒适。

Comment on Design

白色调欧式风格的餐桌椅在简洁的餐厅中更增添一份温馨。

Comment on Design

简约风格餐厅中水晶吊灯以及饰物的装饰又能营造出一种迷人的氛围。

餐厅的色彩如何设计?

就餐环境的色彩配置，对人们的就餐心理影响很大。餐厅的色彩宜以明朗轻快的色调为主，最适合用的是橙色系列的颜色，它能给人以温馨感，刺激食欲。桌布、窗帘、家具的色彩要合理搭配，如家具颜色较深时，可通过明快清新的淡色或蓝白、绿白、红白相间的台布来衬托。此外，灯光也是调节色彩的有效手段，如用橙色白炽灯，经反光罩以柔和的光线映照室内，形成橙黄色的环境，就会消除冷清感。另外，挂上一幅画，摆上几盆花，也都会起到调色、开胃的作用。

Comment on Design

餐厅中紫色调的球形吊灯、黑灰色调的人物抽象画、实木与绿色布艺的餐椅，营造了一种迷人的氛围。

Comment on Design

黑白色调的餐桌椅在黄色发光灯带的渲染下，餐厅隐隐透出艺术的魅力。

Comment on Design

餐厅中白色餐桌使人平静，红色座椅带来热情，而且紧邻窗户，在阳光的照耀下使就餐时有舒适的心情。

餐厅的灯光如何设计？

一般房间的层高若较低，宜选择筒灯或吸顶灯做主光源。如果餐厅空间狭小，餐桌又靠墙，可以借助壁灯与筒灯的巧妙配搭来获得照明的需要，处理得当的话，丝毫不比吊灯的美化效果差。在选择餐厅吊灯时，要根据餐桌的尺寸来确定灯具的大小。餐桌较长，宜选用由多个小吊灯组成一排的款式，而且每个小灯分别由开关控制，这样就可以依用餐需要开启相应的吊灯盏数了。如果是折叠式餐桌，那就可以选择可伸缩的不锈钢圆形吊灯来随时根据需要扩大光照空间。而单盏吊灯或风铃形的吊灯就比较适合与方形或圆形餐桌搭配了。

Comment on Design

墙面的碎花壁纸、淡紫色调的圆形吊灯、白色调的餐桌椅，使就餐环境温馨浪漫。

Comment on Design

餐厅中个性化的装饰，磨砂玻璃隔断搭配黑色的餐桌，给人神秘幽静的感觉。

Comment on Design

白色基调的餐厅，黑色的餐椅、黄色的餐桌，营造了简约格调的就餐环境。

餐厅灯具如何选择？

餐厅照明最好采用间接光线，以求塑造柔和而富有节奏感的室内情趣。因此，选用灯具时应考虑所选灯具的大小、悬垂高度、色彩、造型、材质等多方面因素。灯具的悬垂高度将直接决定光源的照射范围，应根据就餐区的大小及房间的高度合理选择。悬垂过高会使房间显得单调、孤独，过低则显得压抑、拥挤。

同时，在选择灯具时要注意灯具的色彩和材质要与周围环境相协调。木质餐桌最好选用色调朦胧的昏黄色灯光，增加餐厅的温馨感觉；而金属玻璃的餐桌椅配以造型简单的玻璃吊灯，可以将餐厅的气氛营造得更具现代感。

Comment on Design

墙面红色调的手绘艺术画，给餐厅增添了空间美感。

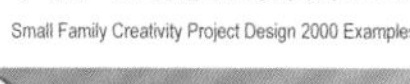

Comment on Design

简约风格餐厅中，墙面的红色壁纸装饰成为耀眼之笔。

Comment on Design

实木地板给白色基调的餐厅带来了丝丝暖意。

Comment on Design

黑白色调的餐桌椅，红色的餐具和花束，给就餐环境增添了一丝浪漫。

餐厅设计要保证合理的照度

在餐饮环境的照明设计中，要创造良好的气氛，可选择的光源和灯具很多，但要与室内环境风格协调统一。为使饭菜和饮料的颜色逼真，选用光源的显色性要好。在创造舒适的餐饮环境气氛时，白炽灯的运用多于荧光灯。桌上部、凹龛和座位四周的局部照明，有助于创造出亲切的气氛。在餐厅设置调光器是必要的。餐厅内的前景照明可在100lx左右，桌上照明在300～750lx之间。一般情况下，低照度时宜用低色温光源，随着照度变高，而向白色光倾斜。照度水平高的照明设备，若用低色温光源，就会感到闷热。照度低的环境，若用高色温的光源，就有青白色的阴沉气氛。

Comment on Design

不同色彩的装饰画，使餐厅蕴含着特殊的美感。

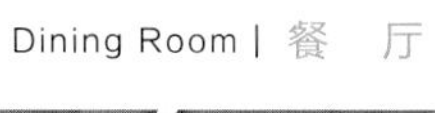

Comment on Design

简单的餐桌椅，实木装饰的墙面和地板，使餐厅显得宁静优雅。

餐厅的装饰应注意什么?

装饰要美观实用。地面一般应选择大理石、花岗石、瓷砖等表面光洁、易清洁的材料。墙面在齐腰位置要考虑用耐碰撞、耐磨损的材料，如选择一些木饰、墙砖做局部装饰、护墙处理。顶面宜以素雅、洁净材料做装饰，如乳胶漆等，有时可适当降低顶面高度，给人以亲切感。餐厅中的软装饰，如桌布、餐巾及窗帘等，应尽量选用较薄的化纤类材料，因厚实的棉纺类织物极易吸附食物气味且不易散去，不利于餐厅环境卫生。

Comment on Design

浅黄色基调墙面装饰，白色实木和咖啡色花纹图案布艺结合的餐椅，营造了新古典主义餐厅的优雅。

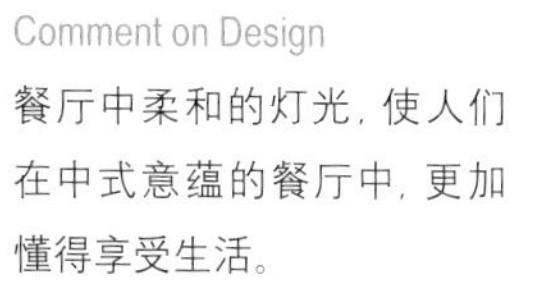

Comment on Design

餐厅中柔和的灯光，使人们在中式意蕴的餐厅中，更加懂得享受生活。

Comment on Design

暗红色和白色调的餐桌椅在黄色花纹图案墙面装饰下，使就餐区域显得更为浪漫、优雅。

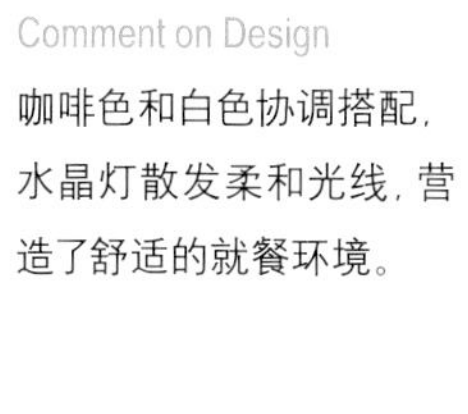

Comment on Design

咖啡色和白色协调搭配，水晶灯散发柔和光线，营造了舒适的就餐环境。

小餐厅元素宜简不宜繁

小餐厅空间相对狭小，因此使用的元素不宜过多。造型要简洁，不宜过于繁琐，而使人产生压抑感。无论是灯光的营造、家具的选型，还是色彩的渲染、器皿的匹配等，都是不能不考虑的。一个理想的餐厅装修应该能产生一种愉悦的气氛，使每个人都能感到松弛，使家庭成员能和谐放松地倾谈闲聊。

Comment on Design

造型时尚个性的餐桌椅，绿色纹案的墙面装饰，打造了清新舒适的餐厅。

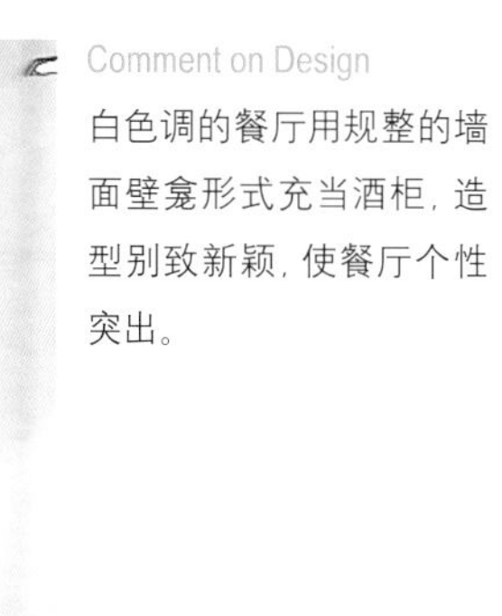

Comment on Design

白色调的餐厅用规整的墙面壁龛形式充当酒柜，造型别致新颖，使餐厅个性突出。

Comment on Design

餐厅中实木和棕色墙砖壁纸装饰的墙面，白色与蓝色调组合的餐桌椅，营造了别样风格的就餐区域。

Comment on Design

橙色的餐椅和吊灯活跃了气氛，使简洁的餐厅更加亲切。

中小户型餐厅装修如何省钱？

餐厅最重要的元素就是餐桌椅、餐柜及餐灯。餐桌椅、餐柜可向厂家订做，或购买价位适中的，用起来舒适的就是最好的。墙面可用镜子装饰，主题墙也可用原来的装饰，经济又实惠。餐厅的装修应着重营造就餐气氛，可以在餐厅上方的顶棚上做小型的局部吊顶以压低就餐空间，营造餐厅的围合式就餐气氛，同时将吊顶和吊灯合二为一。局部吊顶借助吊灯的效果，完全可以烘托就餐的主题，不但满足了空间、照明等诸多功能需求，而且花费不高。

Comment on Design

花纹图案壁纸装饰的墙面使黑白色调的餐厅不再沉闷，装饰品的摆设使就餐区域产生不同的情调。

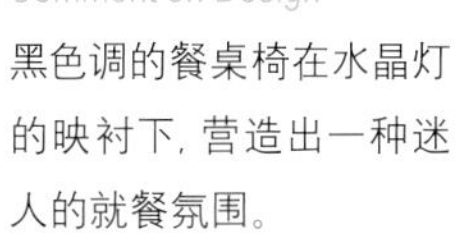

Comment on Design

黑色调的餐桌椅在水晶灯的映衬下，营造出一种迷人的就餐氛围。

Comment on Design

淡蓝色调的餐厅，黑色的餐椅，橙色花瓣似的吊顶，营造了清新的就餐环境，让人精神放松。

Comment on Design

通过有效的灯光装饰，让小餐厅空间看起来温馨而紧凑。

中小户型如何设计餐厅（1）？

独立式餐厅：这种形式是最为理想的。一般对于餐厅的要求是便捷卫生、安静舒适，照明应集中在餐桌上面，光线柔和，色彩素雅，墙壁上可适当挂些风景画、装饰画等，餐厅位置应靠近厨房。餐桌、椅、柜的摆放与布置须与餐厅的空间相结合，还要为家庭成员的活动留出合理的空间。方形和圆形餐厅，可选用圆形或方形餐桌，居中放置；狭长的餐厅可在靠墙或窗一边放一张长条餐桌，桌子另一侧摆上椅子，这样空间会显得大一些。

Comment on Design

白绿色调的餐椅，粉色的靠垫，色彩的和谐搭配使就餐环境富有格调。

Comment on Design

灰白色调的餐桌椅，在艺术玻璃装饰背景墙的映衬下，使餐厅显得甚为雅致而温馨。

Comment on Design

浅色调的就餐区域，墙面的黑白装饰画在光与影的作用下，为家居增添一份迷人的气氛。

中小户型如何设计餐厅（2）？

厨房与餐厅合并：在这种格局下，就餐时上菜快速简便，能充分利用空间，较为实用。只是需要注意不要干扰厨房的烹饪活动，也不能破坏进餐的气氛。要尽量使厨房和餐厅有自然的隔断或使餐桌布置远离厨具，并且餐桌上方应设有照明灯具。

Comment on Design

简约的餐厅没有太多的装饰，装饰酒柜和现代感极强的地灯点亮了空间。

Comment on Design

白色调的开敞式餐厅, 营造了简约美观、现代感极强的就餐环境。

Comment on Design

灯光不仅可用于照明，同时也可成为餐厅装饰的配角。